建筑
表现

ARCHITECTURE
EXPRESSION

办公建筑
OFFICE BUILDING
建筑＋表现
II

北京吉典博图文化传播有限公司
中国林业出版社

图书在版编目（CIP）数据

建筑+表现．Ⅱ，办公建筑／北京吉典博图文化传播有限公司编．-- 北京：中国林业出版社，2012.6
ISBN 978-7-5038-6579-4

Ⅰ．①建… Ⅱ．①北… Ⅲ．①办公建筑-建筑设计-中国-图集 Ⅳ．①TU206

中国版本图书馆 CIP 数据核字（2012）第 089726 号

主　　编：李　壮
执行主编：李　秀
编　　委：徐琳琳　卢亚男　谢　静　梅　非　王　超　吕聃聃　汤　阳
林　贺　王明明　马翠平　蔡洋阳　姜雪洁　王　惠　王　莹
石薛杰　杨　丹　李一茹　程　琳　李　奔
组　　稿：胡亚凤
设计制作：陈霜天　张　宇　王伟光

中国林业出版社·建筑与家居出版中心

出　版：中国林业出版社（100009 北京西城区德内大街刘海胡同 7 号）
网　址：www.cfph.com.cn
电　话：（010）83223051
E-mail：cfphz@public.bta.net.cn
印　刷：北京利丰雅高长城印刷有限公司
发　行：新华书店
版　次：2012 年 6 月第 1 版
印　次：2012 年 6 月第 1 次
开　本：220mm×300mm
印　张：20.5
字　数：100 千字
定　价：336.00 元

ARCHITECTURE
EXPRESSION

目录
CONTENTS

ARCHITECTURE
EXPRESSION

办公建筑

OFFICE BUILDING

建筑＋表现

超高层办公建筑

SUPER HIGH-RISE OFFICE BUILDINGS

004-095

1

2

3

1 2 3 4 土耳其某办公楼

设计：上海浦东土地发展规划设计事务所有限公司
绘制：上海鼎盛建筑设计有限公司

4

1

2

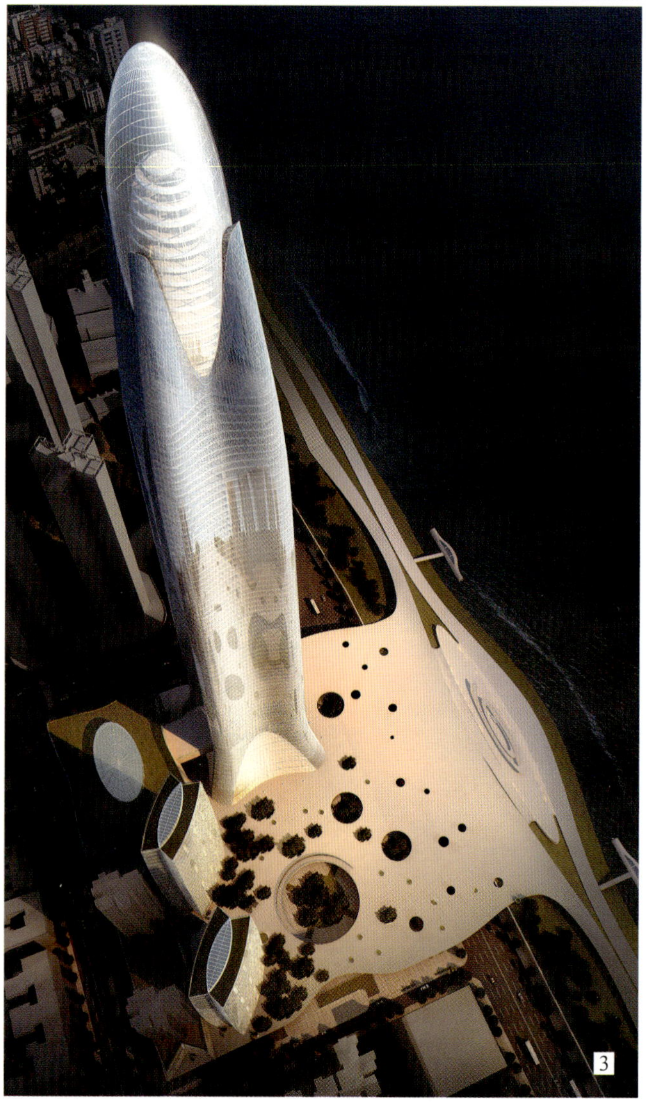

3

1 2 3 4 长航办公楼

设计：武汉市建筑设计院
绘制：武汉北极光数码科技有限公司

4

1

2

3

1 美国某酒店 · 写字楼综合体

绘制：成都公园工作室

2 3 gurney drive 办公楼

设计：PNBYG
绘制：SAV GROUP/ 苏州斯巴克林

1 某办公楼

绘制：北京原鼎世纪建筑设计咨询公司

2 华西超高层办公楼

设计：深圳奥意建筑工程设计有限公司
绘制：深圳市深白数码影像设计有限公司

2

1 2 3 4 5 6 7 8 厦门世贸办公楼

设计：李康
绘制：上海三藏环境艺术设计有限公司

1

2

3

4

5

6

7

8

1

2

1 2 金华大厦

设计：杭州炫蓝数字科技有限公司
绘制：杭州炫蓝数字科技有限公司

3 金刀营办公楼

设计：筑都方圆建筑设计有限公司
绘制：大千视觉（北京）数码科技有限公司

4 某公建

绘制：北京汉中益数字科技有限公司

3

4

1

2

3

1 重庆某高层办公楼

设计：张帆
绘制：成都蓝宇图像

2 **3** 海口某超高层办公楼

设计：史伟高工程咨询（上海）有限公司
绘制：上海鼎盛建筑设计有限公司

1 2 金梦海湾办公楼

绘制：北京屹巅时代建筑艺术设计有限公司

1 2 天和大厦

设计：重庆市设计院
绘制：重庆光头建筑表现

3 成都春熙路王府井大厦

设计：浙江省建筑设计研究院
绘制：杭州潘多拉数字科技有限公司

4 观音桥某公建

绘制：凡图设计（重庆）

1

2

3

1 2 某超高层办公楼

绘制：上海翰境数码科技有限公司

3 福州某办公楼

设计：北京中外建建筑设计有限公司深圳分公司
绘制：深圳佐佑电脑艺术设计有限公司

4 厦门信义办公楼

设计：深圳市武向兵建筑设计有限公司
绘制：深圳龙影数码科技有限公司

4

1

2

1 2 温州总部经济园

设计：上海阿克木建筑设计有限公司
绘制：温州焕彩传媒

3 万达大厦

设计：浙江建院建筑规划设计院
绘制：杭州潘多拉数字科技有限公司

3

1

1 2 3 绿地超高层办公楼

设计：贾震东
绘制：成都蓝宇图像

1 2 3 绿地超高层办公楼

设计：贾震东
绘制：成都蓝宇图像

3

1

2

3

1 华创地产集团办公楼

设计：上海红东规划建筑设计有限公司
绘制：上海鼎盛建筑设计有限公司

2 3 4 国家金红融信息大厦

绘制：北京屹巅时代建筑艺术设计有限公司

4

1 2 步步高商务办公楼

设计：湘潭市规划建筑设计院
绘制：长沙大涵设计

3 某超高层办公楼

绘制：上海翰境数码科技有限公司

3

1

1 某办公楼

设计：南宁某设计公司
绘制：上海日盛＆南宁日易盛设计有限公司

2 3 某汽博中心

设计：卓创国际
绘制：重庆叠晶数码科技有限公司

2

3

1

2

3

1 某超高层办公楼

绘制：上海翰境数码科技有限公司

2 **3** 某高层办公楼

设计：湖大设计院
绘制：长沙大涵设计

1 2 3 4 某办公楼

设计：上海大音建筑设计事务所
绘制：上海千暮数码科技有限公司

1

2

1 2 3 国航办公楼

设计：李峰
绘制：成都蓝宇图像

3

1

2

1 2 3 4 5 铜梁办公楼

设计：卓创国际
绘制：重庆叠晶数码科技有限公司

3

4

5

1

4

1 2 瑞安新天地办公楼

设计：绿城设计院
绘制：上海赫智建筑设计有限公司

3 4 国宾城办公楼

设计：重庆市设计院
绘制：重庆叠晶数码科技有限公司

2

1 2 某办公楼

绘制：上海创腾文化传播有限公司

3 4 境外某办公楼

设计：武汉图道数字科技有限公司
绘制：武汉北极光数码科技有限公司

4

1

3

1 2 3 4 大连 CBD 二期方案一

设计：美国 BurtHill
绘制：成都市浩瀚图像设计有限公司

5 6 大连 CBD 二期方案二

设计：美国 BurtHill
绘制：成都市浩瀚图像设计有限公司

4

5

6

1

2

3

4

1 2 3 4 5 大连 CBD 二期方案二

设计：美国 BurtHill
绘制：成都市浩瀚图像设计有限公司

5

1 2 3 4 5 6 龙华机场产业园

设计：联创国际
绘制：上海三藏环境艺术设计有限公司

3

5

4

6

1 2 3 宁波某超高层办公楼

设计：美国 SOM
绘制：上海赫智建筑设计有限公司

2

3

1

2

3

1 2 3 楚天传媒信息广场

设计：中南建筑设计院
绘制：武汉北极光数码科技有限公司

4 温州一百大厦

设计：鸿地设计院　段甲云
绘制：温州焕彩传媒

4

1

2

1 2 3 湖北烟草集团科研中心

设计：中南建筑设计院
绘制：武汉北极光数码科技有限公司

3

1

2

3

1 2 3 华孚色纺总部大楼

设计：浙江省建筑设计研究院王亦民工作室
绘制：杭州炫蓝数字科技有限公司

4 某公建

设计：山东同圆建筑设计集团有限公司
绘制：济南雅色机构

5 某高层办公楼

设计：中南建筑设计院
绘制：宁波筑景

1

1 2 惠州超高层办公楼

设计：意大利迈丘设计事务所
绘制：深圳市深白数码影像设计有限公司

3 4 5 深圳大涌商务中心

设计：OUR（HK）设计事务所
绘制：深圳市长空永恒数字科技有限公司

3

4

5

1

2

3

4

5

6

1 2 3 4 5 6 7 沈阳某超高层办公楼

绘制：北京屹巅时代建筑艺术设计有限公司

7

1 2 3 某写字楼

绘制：福州全景计算机图形有限公司

4 某办公楼

绘制：上海翰境数码科技有限公司

1

2

3

1 2 3 天津某高层办公楼方案一

设计：香港梁志天设计师事务所
绘制：广州风禾数字科技有限公司

4 5 6 天津某高层办公楼方案二

设计：香港梁志天设计师事务所
绘制：广州风禾数字科技有限公司

1

2

3

4

5

6

1 2 3 天津某高层办公楼

设计：香港梁志天设计师事务所
绘制：广州风禾数字科技有限公司

4 天津某高层办公楼

设计：香港梁志天设计师事务所
绘制：广州风禾数字科技有限公司

5 6 兰乔办公楼

设计：亚瑞建筑设计公司
绘制：深圳市原创力数码影像设计有限公司

1

2

1 2 3 4 5 济南金融谷办公楼

设计：赛朴莱茵
绘制：上海日盛 & 南宁日易盛设计有限公司

3

4

5

1 2 武汉金融中心

设计：武汉市建筑设计院
绘制：武汉北极光数码科技有限公司

3 某办公楼

设计：南宁某设计公司
绘制：上海日盛＆南宁日易盛设计有限公司

3

1 2 秦皇岛大厦

设计：建开利源建筑设计有限公司
绘制：大千视觉（北京）数码科技有限公司

3 某超高层办公楼

绘制：上海翰境数码科技有限公司

2

3

1

2

3

4

5

6

1 2 3 西安某超高层办公楼

设计：西安建筑科技大学建筑设计研究院
绘制：西安巨腾建筑设计咨询有限公司

4 5 贵阳某办公楼方案二

设计：上海亦茵建筑设计有限公司
绘制：上海千暮数码科技有限公司

6 贵阳某办公楼方案一

设计：上海亦茵建筑设计有限公司
绘制：上海千暮数码科技有限公司

1 2 坪山某高层办公楼方案一

设计：深圳市华阳国际工程设计有限公司
绘制：广州风禾数字科技有限公司

3 坪山某高层办公楼方案三

设计：深圳市华阳国际工程设计有限公司
绘制：广州风禾数字科技有限公司

4 5 坪山某高层办公楼方案二

设计：深圳市华阳国际工程设计有限公司
绘制：广州风禾数字科技有限公司

3

4

5

1

2

3

4

5

1 2 3 泰安城建大厦方案一

设计：建开利源建筑设计有限公司
绘制：大千视觉（北京）数码科技有限公司

4 5 泰安城建大厦方案二

设计：建开利源建筑设计有限公司
绘制：大千视觉（北京）数码科技有限公司

6 泰安城建大厦方案三

设计：建开利源建筑设计有限公司
绘制：大千视觉（北京）数码科技有限公司

6

1

2

3

4

5

1 2 3 南京新街口超高层办公楼

设计：联创国际
绘制：上海三藏环境艺术设计有限公司

4 5 佛山东平超高层办公楼

设计：OUR（HK）设计事务所
绘制：深圳市长空永恒数字科技有限公司

1

3

4

2

1 3 4 某超高层办公楼

绘制：上海翰境数码科技有限公司

2 某招商中心

设计：张建坤
绘制：上海赫智建筑设计有限公司

5 6 某办公楼

设计：XWHO|RECON
绘制：上海域言建筑设计咨询有限公司

7 大连汽车城办公楼

设计：浙江新中环建筑设计有限公司
绘制：杭州潘多拉数字科技有限公司

5

6

7

1

2

3

1 2 奥古斯都二期办公楼

设计：北京清尚环艺建筑设计院
绘制：北京华洋逸光建筑设计咨询顾问有限公司

3 某综合楼

设计：现代院环境所
绘制：上海域言建筑设计咨询有限公司

4 5 沈阳某办公楼

设计：泛华公司
绘制：北京东篱建筑表现工作室

6 7 菩提金国际金融中心

设计：大地装饰
绘制：武汉擎天建筑设计咨询有限公司

4

5

6

7

1

2

3

4

5

6

1 2 成都某地块办公楼

设计：同建强华
绘制：成都艺维平面设计有限公司

3 某超高层办公楼

绘制：上海翰境数码科技有限公司

4 大连某超高层办公楼

设计：杨凯
绘制：上海赫智建筑设计有限公司

5 深圳大涌商务中心

设计：OUR（HK）设计事务所
绘制：深圳市长空永恒数字科技有限公司

6 联发总部办公楼

设计：黄工
绘制：厦门原点科技开发有限公司

7 长沙某办公楼

设计：中汇建筑设计事务所
绘制：深圳佐佑电脑艺术设计有限公司

8 Setia Tanjung Tokong

设计：PNBYG
绘制：SAV GROUP/ 苏州斯巴克林

7

8

1

2

1 2 沈阳某高层办公楼

设计：香港天易设计事务所
绘制：广州风禾数字科技有限公司

3 4 5 天泰地产办公楼

设计：山东同圆建筑设计集团有限公司
绘制：济南雅色机构

3

4

5

ARCHITECTURE

EXPRESSION

办公建筑

OFFICE BUILDING

建筑＋表现

高层办公建筑

HIGH-RISE OFFICE BUILDINGS

096-197

1

2

3

4

5

1 2 5 珠海通用总部办公楼

绘制：北京原鼎世纪建筑设计咨询公司

3 4 北京中科院办公楼

设计：武汉图道数字科技有限公司
绘制：武汉北极光数码科技有限公司

1

2

3

4

1 2 湖南某写字楼

设计：刘总
绘制：深圳市原创力数码影像设计有限公司

3 4 钱江世纪城办公楼

设计：中联程泰宁建筑设计研究院
绘制：上海艺筑图文设计有限公司

1 2 重庆某办公楼

绘制：上海鼎盛建筑设计有限公司

1

2

3

4

5

1 2 3 某办公楼

设计：绿城设计院　王江峰
绘制：上海赫智建筑设计有限公司

4 5 某办公楼

设计：朱建军
绘制：河南灵度建筑景观设计咨询有限公司

1

2

3

1 2 3 慧恩国际办公楼

设计：上海慧恩建筑设计工程有限公司
绘制：上海鼎盛建筑设计有限公司

1 2 大唐电信

设计：北京清尚环艺建筑设计院
绘制：北京东方豹雪数字科技有限公司

3 4 5 某高层办公楼

绘制：上海翰境数码科技有限公司

1

2

3

4

5

1 2 正方京城办公楼

设计：筑森国际
绘制：江苏印象乾图数字科技有限公司

3 4 潍坊总部大厦

绘制：重庆光头建筑表现

3

4

1 2 3 4 5 马来西亚某办公楼

设计：CoopHmmelb
绘制：成都市浩瀚图像设计有限公司

3

4

5

1

1 2 3 新疆阜康办公楼

绘制：大连蓝色海岸设计有限公司

2

3

1

2

3

1 2 3 4 宁波数码城

设计：北京五德 SYN
绘制：北京映像社稷数字科技

4

1

2

3

4

1 2 3 4 宁波数码城

设计：北京五德 SYN
绘制：北京映像社稷数字科技

1

2

3

4

5

1 2 3 4 5 中航工业科技大厦

绘制：北京原鼎世纪建筑设计咨询公司

1

3

1 2 3 4 十六铺办公区

设计：上海爱恩斯建筑设计有限公司
绘制：上海鼎盛建筑设计有限公司

2

4

1

2

3

4

5

1 2 建银大厦方案一

设计：武汉轻工建筑设计有限公司
绘制：武汉擎天建筑设计咨询有限公司

3 建银大厦方案二

设计：武汉轻工建筑设计有限公司
绘制：武汉擎天建筑设计咨询有限公司

4 5 某办公楼

绘制：北京原鼎世纪建筑设计咨询公司

1

2

3

4

1 2 3 科技四路某办公楼

绘制：西安创景建筑景观设计有限公司

4 5 城建大厦

设计：北京建筑设计研究院
绘制：大千视觉（北京）数码科技有限公司

5

LANE CRAWFORD
1

THE HOME DEPOT
GRAND OPENING
GUCCI
2

HOTEL
Lane Crawford
3

4

5

1 2 3 4 5 南山某办公楼

设计：华阳国际（深圳）设计公司
绘制：深圳龙影数码科技有限公司

1

2

3

4

5

6

1 2 3 芜湖荣升公司

设计：浙江大学建筑设计研究院 A2 工作室
绘制：杭州炫蓝数字科技有限公司

4 5 6 伊泰万国城

绘制：北京屹巅时代建筑艺术设计有限公司

1

2

3

4

1 2 河北航空办公楼

绘制：北京屹巅时代建筑艺术设计有限公司

3 4 5 河南正商地产办公楼

设计：机械工业第六设计研究院
绘制：河南灵度建筑景观设计咨询有限公司

5

1 2 3 4 5 邢台光伏中心

设计：天津大学
绘制：天津天唐筑景建筑设计咨询有限公司

2

3

1

4

5

1

2

1 2 中航飞机大厦

设计：西安建筑科技大学建筑设计研究院
绘制：西安巨腾建筑设计咨询有限公司

3 4 扬州开隆办公楼

设计：同济四所
绘制：上海日盛 & 南宁日易盛设计有限公司

3

4

1

2

3

1 2 3 4 重庆永辉嘉景办公楼

设计：上海嘉景建筑设计
绘制：上海赫智建筑设计有限公司

4

1

1 2 3 一航院办公楼

设计：天津大学
绘制：天津天砚建筑设计咨询有限公司

2

3

1

2

3

4

5

1 2 3 4 5 诸暨万达广场

设计：中国联合工程公司
绘制：杭州骏翔广告有限公司

1

2

3

1 盐城公投大厦方案一

设计：常州嘉华设计院
绘制：江苏印象乾图数字科技有限公司

2 盐城公投大厦方案二

设计：常州嘉华设计院
绘制：江苏印象乾图数字科技有限公司

3 **4** 新洲办公楼

绘制：武汉擎天建筑设计咨询有限公司

5 **6** 惠普大厦

设计：圆周率工作室
绘制：长沙市雨花区凡创室内设计工作室

4

5

6

1 2 3 4 5 中联西北工程设计研究院办公楼

设计：中联西北工程设计研究院
绘制：西安筑木数码科技有限公司

4

5

1 2 3 4 5 中联西北工程设计研究院办公楼

设计：中联西北工程设计研究院
绘制：西安筑木数码科技有限公司

1

2

3

4

5

1

1 2 3 4 中联西北工程设计研究院办公楼

设计：中联西北工程设计研究院
绘制：西安筑木数码科技有限公司

2

3

4

1

2

1 3 某创业大厦方案一

设计：北京中元国际工程设计院
绘制：北京华洋逸光建筑设计咨询顾问有限公司

2 4 某创业大厦方案二

设计：北京中元国际工程设计院
绘制：北京华洋逸光建筑设计咨询顾问有限公司

1

2

3

1 4 某创业大厦方案三

设计：北京中元国际工程设计院
绘制：北京华洋逸光建筑设计咨询顾问有限公司

2 3 某办公楼

绘制：上海创腾文化传播有限公司

4

1

2

1 2 3 沧海路华生大厦

设计：宁波市建筑设计研究院
绘制：宁波筑景

3

1

2

3

1 3 滁州银兴电气办公楼方案一

设计：肥市建筑设计研究院
绘制：合肥T平方建筑表现

2 滁州银兴电气办公楼方案二

设计：肥市建筑设计研究院
绘制：合肥T平方建筑表现

4 5 峰汇中心

设计：成都中建投房地产开发有限公司
绘制：成都上润图文设计制作有限公司

4

5

1

2

3

4

5

6

1 2 阿尔滨办公楼方案一
设计：大连开发区规划院
绘制：大连超越数字科技有限公司

3 4 昌平 55 号地办公楼
绘制：北京屹巅时代建筑艺术设计有限公司

5 6 7 阿尔滨办公楼方案二
设计：大连开发区规划院
绘制：大连超越数字科技有限公司

7

1 2 3 某产权交易中心

设计：北京中元国际工程设计院
绘制：北京华洋逸光建筑设计咨询顾问有限公司

4 5 某办公楼

绘制：宁波筑景

4

5

1

2

1 2 3 4 建科大楼

设计：中国联合工程公司
绘制：杭州骏翔广告有限公司

3

4

1

2

1 6 宁夏某办公楼

设计：中国石油华东勘察设计院
绘制：青岛金东数字科技有限公司

2 5 海燕大厦立面改造

设计：深圳市维业装饰集团股份有限公司
绘制：深圳市深白数码影像设计有限公司

3 4 绍兴华汇职工之家大楼

设计：绍兴市华汇设计股份有限公司
绘制：杭州拓景数字科技有限公司

3

4

5

6

1

2

3

4

1 2 3 4 5 威海金融大厦

设计：张建坤
绘制：上海赫智建筑设计有限公司

5

1

2

1 2 唐山蓝天楼

绘制：北京屹巅时代建筑艺术设计有限公司

3 4 5 合肥滨湖天天集团总部

设计：安徽省建筑设计研究院
绘制：合肥T平方建筑表现

3

4

5

1

2

3

4

1 2 3 4 某办公楼

绘制：北京原鼎世纪建筑设计咨询公司

1 2 中国铁建庆龙国际

设计：同圆卫东工作室
绘制：济南雅色机构

3 4 国土资源报社

设计：北京维拓时代建筑设计有限公司
绘制：北京力天华盛建筑设计咨询有限责任公司

1

2

3

4

1

2

1 2 郑东项目

设计：加拿大宝佳国际建筑师有限公司

绘制：北京华洋逸光建筑设计咨询顾问有限公司

3 4 蒲城新区酒店办公

设计：陕西丰宇工程设计有限公司

绘制：西安筑木数码科技有限公司

3

4

1

2

3

1 2 3 某酒店办公楼

设计：上海标高建筑设计咨询有限公司
绘制：上海日盛 & 南宁日易盛设计有限公司

4 5 鼎盛置业办公楼

设计：林工
绘制：厦门原点科技开发有限公司

4

5

1

2

3

1 2 3 闵行办公楼

设计：上海卓屹建筑设计有限公司

绘制：上海千暮数码科技有限公司

4 5 宁波 IT 大楼

设计：新百森设计有限公司

绘制：深圳市森凯盟数字科技

4

5

1

2

1 2 美国 UKL 大学办公楼

设计：美国 BurtHil
绘制：成都市浩瀚图像设计有限公司

3 4 永和办公楼

设计：泛华建设集团有限公司河南设计分公司
绘制：河南灵度建筑景观设计咨询有限公司

3

4

1

2

3

4

5

1 2 3 4 5 6 7 平湖建设大楼

设计：宏正建筑设计院 戴锋

绘制：杭州景尚科技有限公司

6

7

1

2

1 2 3 4 5 联合总部大厦

设计：华阳国际（深圳）设计公司
绘制：深圳龙影数码科技有限公司

3

4

5

1 2 3 4 温州某办公楼

绘制：宁波芒果树图像设计有限公司

1

2

3

4

1

2

3

4

1 2 3 4 山东新能源发展中心

设计：同圆卫东工作室
绘制：济南雅色机构

5 6 梧桐街道办公楼

设计：美苑都林建筑设计有限公司　张力
绘制：杭州景尚科技有限公司

5

6

1 2 曲阳办公楼

设计：刘泱
绘制：北京东篱建筑表现工作室

1

2

3 4 日照某办公楼

设计：合肥市建筑设计研究院
绘制：合肥T平方建筑表现

5 6 中交二公局西安高新科研办公楼

设计：中联西北工程设计研究院
绘制：西安筑木数码科技有限公司

1 2 神光能源办公楼

设计：西安建筑科技大学建筑设计研究院
绘制：西安巨腾建筑设计咨询有限公司

3 4 泉州台商投资区百威科技园

设计：深圳市栖境建筑设计有限公司
绘制：深圳市原创力数码影像设计有限公司

5 6 浙江省建科院大楼

设计：浙江省建科院
绘制：杭州潘多拉数字科技有限公司

4

5

6

1

2

3

1 2 太仓国际广场

设计：崔工
绘制：上海赫智建筑设计有限公司

3 4 西永微电园办公楼

设计：天开建筑设计事务所
绘制：凡图设计（重庆）

5 6 卓越办公楼

设计：卓创国际
绘制：重庆叠晶数码科技有限公司

4

5

6

ARCHITECTURE

EXPRESSION

办公建筑

OFFICE BUILDING

建筑＋表现

多层办公建筑

MULTI-STORY OFFICE BUILDINGS

198-299

1

2

3

1 2 3 4 5 6 北戴河旅游接待中心

设计：天津大学
绘制：天津天砚建筑设计咨询有限公司

4

5

6

1

2

3

1 2 3 4 合肥信达办公楼

设计：联创国际
绘制：上海三藏环境艺术设计有限公司

4

1

2

3

1 2 基础院办公楼

绘制：北京原鼎世纪建筑设计咨询公司

3 某办公楼

设计：敏工
绘制：成都亿点数码艺术设计有限公司

1

2

1 2 华电二期办公楼

设计：隆炎君
绘制：成都蓝宇图像

3 4 中联重科办公楼方案一

设计：美国洛杉矶某设计公司
绘制：上海赫智建筑设计有限公司

5 中联重科办公楼方案二

设计：美国洛杉矶某设计公司
绘制：上海赫智建筑设计有限公司

3

4

5

1

1 大连工程交易中心

设计：大连城建设计研究院有限公司
绘制：大连蓝色海岸设计有限公司

2 **3** 某办公楼

绘制：上海翰境数码科技有限公司

2

3

1

2

3

1 2 3 某办公楼

绘制：上海翰境数码科技有限公司

1

2

■1 ■2 某办公楼

设计：何思强
绘制：上海赫智建筑设计有限公司

■3 洛阳国家高新区洛龙科技园区东软办公楼

设计：黄龙飞
绘制：洛阳张涵数码影像技术开发有限公司

■4 洛阳国家高新区洛龙科技园区东软办公楼

设计：张涵
绘制：洛阳张涵数码影像技术开发有限公司

3

4

1

1 2 3 4 5 6 龙山某办公楼

设计：何弢
绘制：上海三藏环境艺术设计有限公司

2

3

5

4

6

1

2

1 2 龙湾便民中心

设计：温州嘉华建筑设计研究院　邵巨峰
绘制：温州焕彩传媒

3 某办公楼

绘制：北京原鼎世纪建筑设计咨询公司

1

2

3

4

■1 巴州科技中心

绘制：北京未来空间建筑设计咨询有限公司

■2 烽火科技园

设计：武汉市建筑设计院
绘制：武汉北极光数码科技有限公司

■3 ■4 ■5 北京通州某办公楼

设计：王江峰
绘制：上海赫智建筑设计有限公司

5

1

1 **2** 北京西山创意产业基地

绘制：北京屹巅时代建筑艺术设计有限公司

3 **4** **5** 某办公楼

绘制：上海翰境数码科技有限公司

2

3

4

5

1

2

3

4

1 2 3 4 永丰办公区

绘制：北京原鼎世纪建筑设计咨询公司

1

2

3

1 2 唐山某办公楼

设计：上海无样建筑设计咨询有限公司
绘制：上海鼎盛建筑设计有限公司

3 彩虹花园龙头办公楼

设计：中科院建筑设计研究院有限公司
绘制：河南灵度建筑景观设计咨询有限公司

1

2

3

1 2 3 4 5 6 鄂尔多斯 20+10

绘制：北京屹巅时代建筑艺术设计有限公司

4

5

6

BORBONESE
BY REDWALL ITALY
PRADA
CELECTE
Dior
Louis V
GANALS
1

FENNEL
2

3

1 2 某办公楼

设计：鄢平
绘制：宁波锦绣华绘图文设计有限公司

3 某办公楼

绘制：成都上润图文设计制作有限公司

1

2

3

1 某办公楼

绘制：宁波筑景

2 某办公楼

设计：武汉图道数字科技有限公司
绘制：武汉北极光数码科技有限公司

3 **4** 某科技创新大厦

设计：大地建筑设计有限公司南昌分公司
绘制：南昌格雅建筑设计有限公司

4

1

2

1 2 3 机场路地块办公区

设计：都市营造
绘制：宁波芒果树图像设计有限公司

3

1

2

3

4

1 2 3 4 盘锦某办公楼

设计：沈阳都市建筑设计有限公司
绘制：沈阳金思谰建筑设计咨询有限公司

1

2

1 2 中建 6 局指挥部

设计：天津大学
绘制：天津天唐筑景建筑设计咨询有限公司

3 4 6 丽水丽景园

设计：浙江处州建筑规划设计院有限公司
绘制：杭州骏翔广告有限公司

3

4

5 某办公楼

绘制：上海翰境数码科技有限公司

1

2

3

1 2 3 4 5 镜泊小镇游客集散中心

设计：哈尔滨天宸建筑设计有限公司　唐家骏　董广海　及强
绘制：黑龙江省日盛设计有限公司

4

5

1

2

1 2 醴陵总部大楼

设计：湖南省建筑科学研究院
绘制：长沙市雨花区凡创室内设计工作室

3 某办公楼

绘制：上海翰境数码科技有限公司

4 某办公楼

绘制：上海翰境数码科技有限公司

3

4

1

2

3

1 2 某办公楼

绘制：上海翰境数码科技有限公司

3 某办公楼

设计：湖南省建筑设计院东莞分院
绘制：东莞市天海图文设计

4 某实验楼

绘制：上海翰境数码科技有限公司

1 2 3 某科研楼

绘制：北京原鼎世纪建筑设计咨询公司

2

1

3

1

2

3

4

1 2 3 南油集团

设计：中汇建筑设计事务所
绘制：深圳佐佑电脑艺术设计有限公司

4 电力院办公楼

设计：中南建筑设计院
绘制：武汉北极光数码科技有限公司

1

2

3

1 2 3 4 5 宁波报业集团

设计：北京五德 SYN
绘制：北京映像社稷数字科技

4

5

1

2

3

1 2 3 4 5 宁波报业集团

设计：北京五德 SYN
绘制：北京映像社稷数字科技

1

2

3

4

1 2 3 全友办公楼

设计：大陆建筑设计有限公司
绘制：成都市浩瀚图像设计有限公司

4 华展大厦

绘制：东莞市天海图文设计

1

2

1 2 3 4 威创办公楼

设计：深圳市鑫中建建筑设计顾问有限公司
绘制：深圳市深白数码影像设计有限公司

3

4

1

2

1 2 3 4 徐州动漫城

设计：深圳市建筑设计研究总院
绘制：深圳市深白数码影像设计有限公司

3

4

1

2

3

4

1 2 4 重庆机场办公楼

设计：东南大学建筑设计研究院
绘制：南京土筑人艺术设计有限公司

3 某办公楼

设计：武汉图道数字科技有限公司
绘制：武汉北极光数码科技有限公司

1

1 2 3 重庆某办公楼

设计：刘艺
绘制：成都蓝宇图像

2

3

1

1 北京某办公楼

设计：中国航天建筑设计研究院（集团）
绘制：北京回形针图像设计有限公司

2 银鸿大厦

设计：深圳市宝安建筑设计院
绘制：深圳市原创力数码影像设计有限公司

3 中科院生物研发中心

绘制：武汉北极光数码科技有限公司

2

3

XIA MEN UNIVERSITY OF TECHNOGY EXPERIMENT BUILDING

1

2

SINCERE
SINCERE

3

4

1 某办公楼

设计：湖南建筑科学研究院
绘制：长沙市雨花区凡创室内设计工作室

2 新天科技楼

设计：中科院建筑设计研究院有限公司
绘制：河南灵度建筑景观设计咨询有限公司

3 某办公楼

绘制：上海翰境数码科技有限公司

4 武汉某办公楼

设计：上海大椽建筑设计事务所
绘制：上海鼎盛建筑设计有限公司

1

2

3

1 某办公楼

绘制：北京原鼎世纪建筑设计咨询公司

2 某办公楼

绘制：北京原鼎世纪建筑设计咨询公司

3 西门子办公楼

设计：美隆建筑设计
绘制：天津天砚建筑设计咨询有限公司

1

2

1 某办公楼
设计：徐老师
绘制：合肥市包河区徽源图文设计工作室

3 三亚某办公区
设计：同济人建筑设计公司
绘制：深圳市森凯盟数字科技

5 某石油大院
设计：华通建筑工程设计有限公司
绘制：大千视觉（北京）数码科技有限公司

2 重庆某办公楼
设计：卓创国际
绘制：重庆畲晶数码科技有限公司

4 深圳某办公区
设计：澳大利亚某设计公司
绘制：深圳市森凯盟数字科技

3

4

5

1

2

3

1 河南中烟办公楼

设计：机械工业第六设计研究院
绘制：河南灵度建筑景观设计咨询有限公司

2 3 南沙旅行社

设计：舟山市建筑规划设计研究院
绘制：杭州骏翔广告有限公司

4 集美动漫城

设计：林工
绘制：厦门原点科技开发有限公司

5 集美动漫城

设计：林工　王工
绘制：厦门原点科技开发有限公司

4

5

1

2

3

4

5

6

1 汝水公园会议中心

设计：华中科技大学
绘制：武汉星奕筑建筑设计有限公司

2 珠海通用总部

绘制：北京原鼎世纪建筑设计咨询公司

3 某科技成果转化中心

设计：大陆建筑设计有限公司
绘制：成都市浩瀚图像设计有限公司

4 邵阳某公建

设计：深圳航天院建筑设计
绘制：深圳市水木数码影像科技有限公司

5 某办公楼

设计：山东同圆建筑设计集团有限公司
绘制：济南雅色机构

6 某办公楼

绘制：上海创腾文化传播有限公司

1

2

3

1 2 3 4 5 6 ICT 办公楼

设计：Linsger Archite
绘制：成都市浩瀚图像设计有限公司

4

5

6

1

2

1 2 3 4 KAFD 办公楼

设计：国外某设计事务所
绘制：重庆叠晶数码科技有限公司

3

4

1

2

3

1 2 3 4 LOKSATALLET

绘制：上海创腾文化传播有限公司

5 某办公楼

绘制：北京原鼎世纪建筑设计咨询公司

6 恒天商务广场

设计：江阴市建筑设计研究院有限公司
绘制：江苏印象乾图数字科技有限公司

1

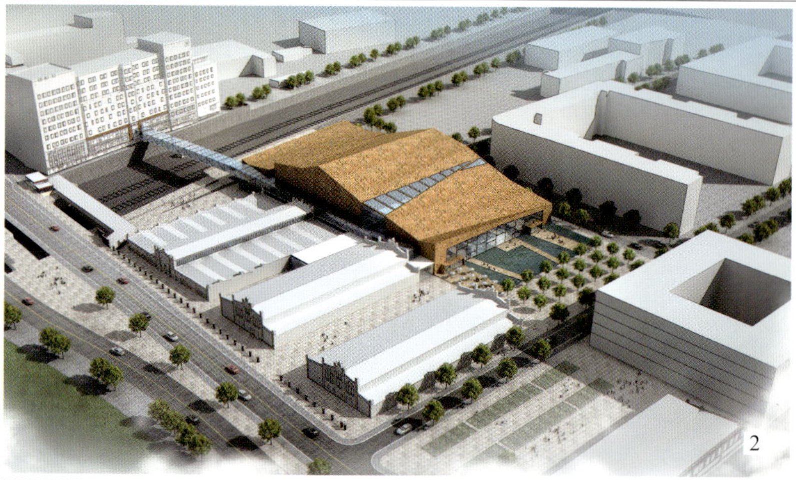
2

1 2 柏林会议中心

设计：德国沃尔夫伙伴建筑联盟
绘制：天津天唐筑景建筑设计咨询有限公司

3 浐灞商贸园办公楼

设计：中联西北工程设计研究院
绘制：西安筑木数码科技有限公司

4 某办公楼

设计：中国建筑设计院
绘制：北京汉中益数字科技有限公司

5 6 某半导体所

绘制：北京屹巅时代建筑艺术设计有限公司

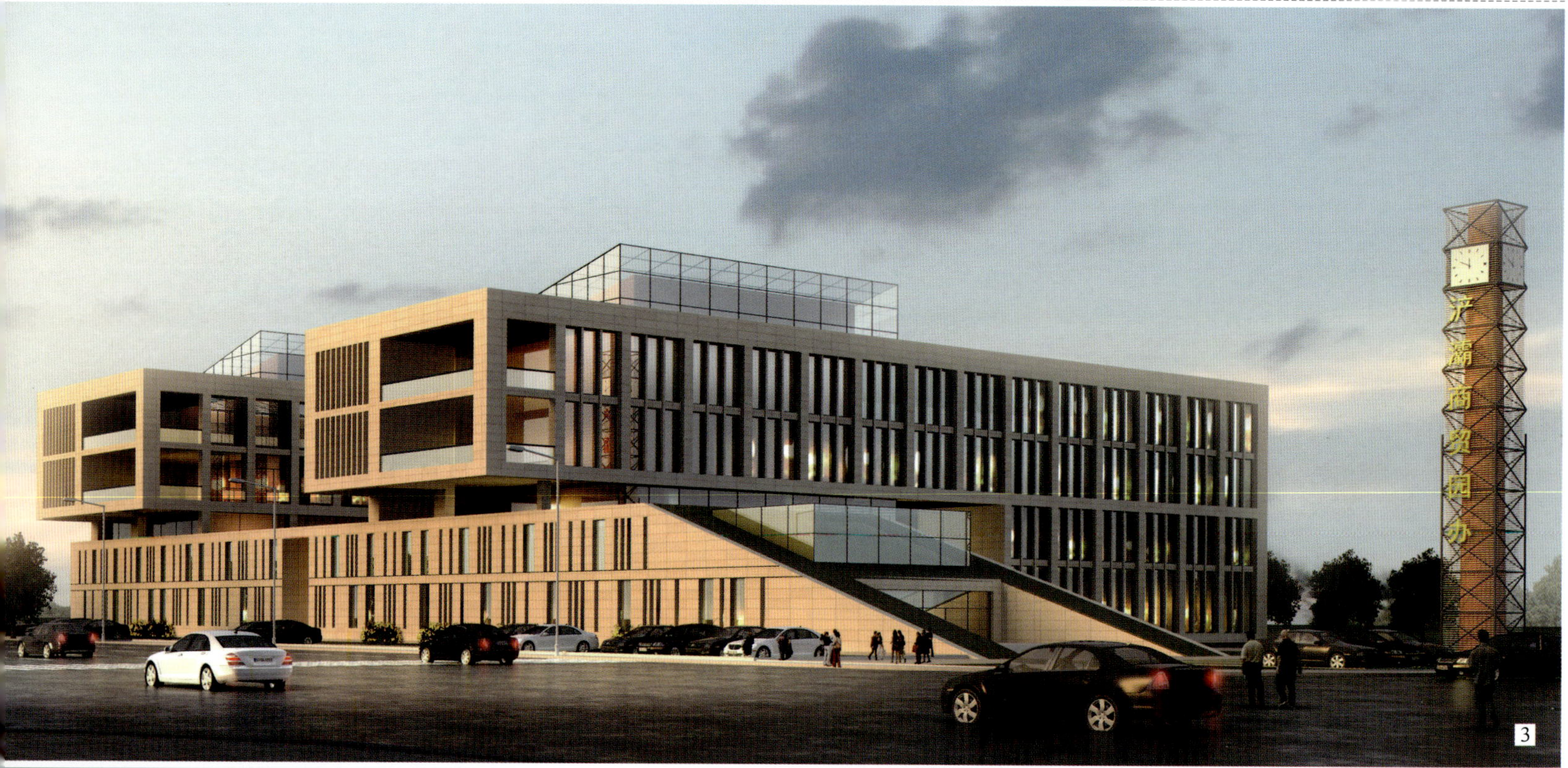

3

4

5

6

1

2

3

1 金坛园区办公楼

设计：常州市规划院
绘制：江苏印象乾图数字科技有限公司

2 大邑客服中心

绘制：成都上润图文设计制作有限公司

3 库门塔本办公楼改造

设计：武汉图道数字科技有限公司
绘制：武汉北极光数码科技有限公司

4 **5** 岱山县竹屿新区办公楼

设计：杭州天人建筑设计事务所（普通合伙）
绘制：杭州潘多拉数字科技有限公司

4

5

1

1 龙贵创业园

设计：杭州市建筑设计研究院有限公司
绘制：杭州潘多拉数字科技有限公司

2 3 江达生态办公楼

设计：中联程泰宁建筑设计研究院
绘制：上海艺筑图文设计有限公司

4 某办公楼

绘制：北京思锐视觉图文制作有限公司

5 三星工业园办公楼

设计：长沙规划院
绘制：长沙大涵设计

6 某办公楼

设计：杨工
绘制：西安巨腾建筑设计咨询有限公司

2

3

4

5

6

1

2

3

1 2 3 4 5 三亚动漫城

绘制：上海三藏环境艺术设计有限公司

4

5

1

2

3

1 2 3 4 海南热带农业研究所

绘制：北京屹巅时代建筑艺术设计有限公司

5 某办公楼

绘制：北京原鼎世纪建筑设计咨询公司

6 某办公楼

设计：湖南省建筑设计院东莞分院
绘制：东莞市天海图文设计

7 青州人才大厦

设计：胡世勇
绘制：上海赫智建筑设计有限公司

4

5

6

7

1

2

3

4

1 2 芜湖某软件园

设计：广州市科城规划勘测技术有限公司北京分公司
绘制：北京回形针图像设计有限公司

3 4 某综合功能楼

设计：湖南省建筑设计院东莞分院
绘制：东莞市天海图文设计

5 某办公楼

设计：北京清尚环艺建筑设计院
绘制：北京东方豹雪数字科技有限公司

6 双冠办公楼

设计：苏州规划设计院
绘制：苏州蔚蓝建筑表现公司

7 正信办公楼

设计：笔奥
绘制：宁波筑景

5

6

7

1

2

1 2 3 4 5 厦门航空基地

设计：深圳东北设计院
绘制：深圳市原创力数码影像设计有限公司

3

4

5

6

7

6 三角洲总部基地办公楼

设计：上海百致建筑设计有限公司
绘制：上海艺筑图文设计有限公司

7 洛阳市某厂区办公楼

设计：机械工业第四设计研究院
绘制：洛阳张涵数码影像技术开发有限公司

8 南浔两中心

设计：杭州中联筑境建筑设计有限公司
绘制：杭州潘多拉数字科技有限公司

9 河北某办公楼入口

设计：北京易墨建筑设计有限公司
绘制：北京回形针图像设计有限公司

8

9

1 2 洛阳国家高新区洛龙科技园区东软办公楼
设计：张涵
绘制：洛阳张涵数码影像技术开发有限公司

3 洛阳国家高新区洛龙科技园区东软办公楼
设计：黄龙飞
绘制：洛阳张涵数码影像技术开发有限公司

1

2

3

4

5

6

7

4 5 6 7 郑州社会科学研究基地

设计：机械工业第四设计研究院
绘制：洛阳张涵数码影像技术开发有限公司

8 某办公楼

绘制：北京原鼎世纪建筑设计咨询公司

8

1 2 某办公楼

设计：吴工
绘制：东莞市天海图文设计

3 某办公楼

设计：北京中外建建筑设计有限公司深圳分公司
绘制：深圳佐佑电脑艺术设计有限公司

4 国外某办公楼

设计：郝工
绘制：河南灵度建筑景观设计咨询有限公司

5 三十里堡墓园

设计：大连开发区规划院
绘制：大连超越数字科技有限公司

6 某办公楼

设计：蒋方宇
绘制：北京东篱建筑表现工作室

7 某接待厅

设计：总院魏工
绘制：深圳龙影数码科技有限公司

4

5

6

7

1

2

1 万丰办公区

设计：北京北方设计 2 所　艾峰
绘制：北京东篱建筑表现工作室

2 成都某办公区

设计：五和国际
绘制：成都艺维平面设计有限公司

3 4 蒲城新区某办公楼

设计：陕西丰宇工程设计有限公司
绘制：西安筑木数码科技有限公司

5 6 曲美办公楼

设计：北京五德 SYN
绘制：北京映像社稷数字科技

3

4

5

6

7 南通某办公楼

设计：卓恩玛
绘制：上海日盛 & 南宁日易盛设计有限公司

8 沙湖某办公楼

设计：张健坤
绘制：上海赫智建筑设计有限公司

7

8

ARCHITECTURE

EXPRESSION

办公建筑

OFFICE BUILDING

建筑＋表现

行政办公建筑

ADMINISTRATIVE BUILDINGS

300-328

1

2

1 2 旅顺 110 指挥中心办公楼

设计：大连城建设计研究院有限公司
绘制：大连蓝色海岸设计有限公司

3 4 5 莲塘联检大楼

设计：深圳市同济人建筑设计有限公司
绘制：深圳市原创力数码影像设计有限公司

3

4

5

1 2 3 4 5 某供水办公楼

设计：北京五德 SYN
绘制：北京映像社稷数字科技

1

2

3

4

5

1

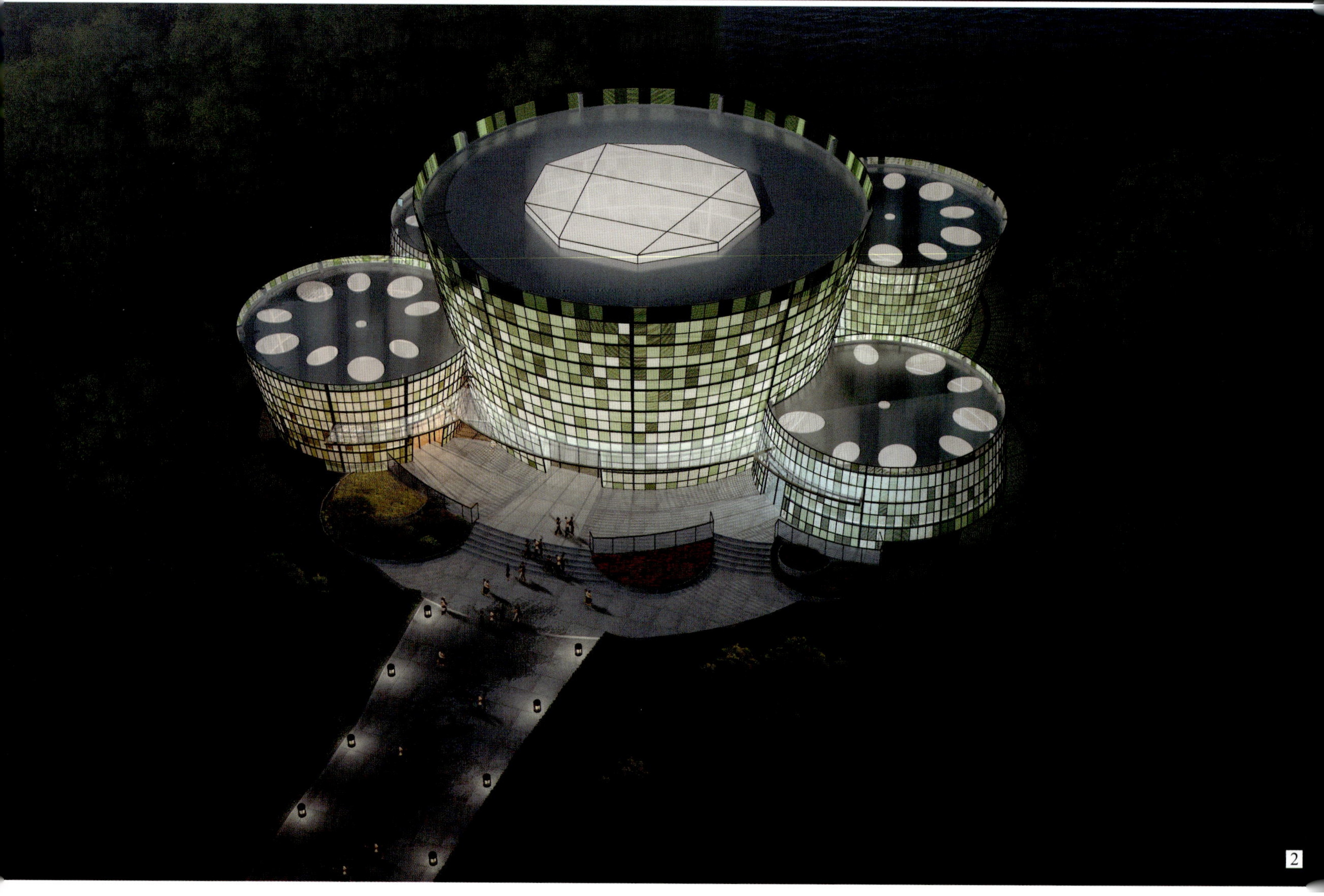

2

1 2 东丽湖水闸

设计：伟信（天津）工程咨询有限公司
绘制：天津千翼数字科技有限公司

3 4 鄂尔多斯消防中心

绘制：北京汉中益数字科技有限公司

3

4

1

2

3

4

1 2 中国银行

绘制：上海创腾文化传播有限公司

3 某银行

绘制：上海翰境数码科技有限公司

4 武汉工行

设计：上海骏地建筑设计咨询有限公司
绘制：上海鼎盛建筑设计有限公司

1

2

3

1 2 3 4 嘉兴银行

设计：宏正建筑设计院　顾晓春
绘制：杭州景尚科技有限公司

4

1

2

3

1 2 3 4 汉口某银行

设计：联创国际
绘制：上海三藏环境艺术设计有限公司

5 6 中国银行

设计：中南建筑设计院
绘制：武汉北极光数码科技有限公司

4

5

6

1 2 绍兴市邮政储蓄银行

设计：绍兴市华汇设计股份有限公司
绘制：杭州拓景数字科技有限公司

3 4 5 某银行

绘制：北京汉中益数字科技有限公司

1

2

3

4

5

1 2 3 4 5 6 7 8 沣渭新区行政中心

设计：中联西北工程设计研究院
绘制：西安筑木数码科技有限公司

1

2

3

4

5

6

7

8

1

2

1 2 3 赤壁邮政局

设计：武汉轻工建筑设计有限公司
绘制：武汉擎天建筑设计咨询有限公司

4 5 洪都监狱

设计：江西省直属机关建筑设计院
绘制：南昌格雅建筑设计有限公司

3

4

5

6

6 7 某行政中心

绘制：南昌艺构装饰设计有限公司

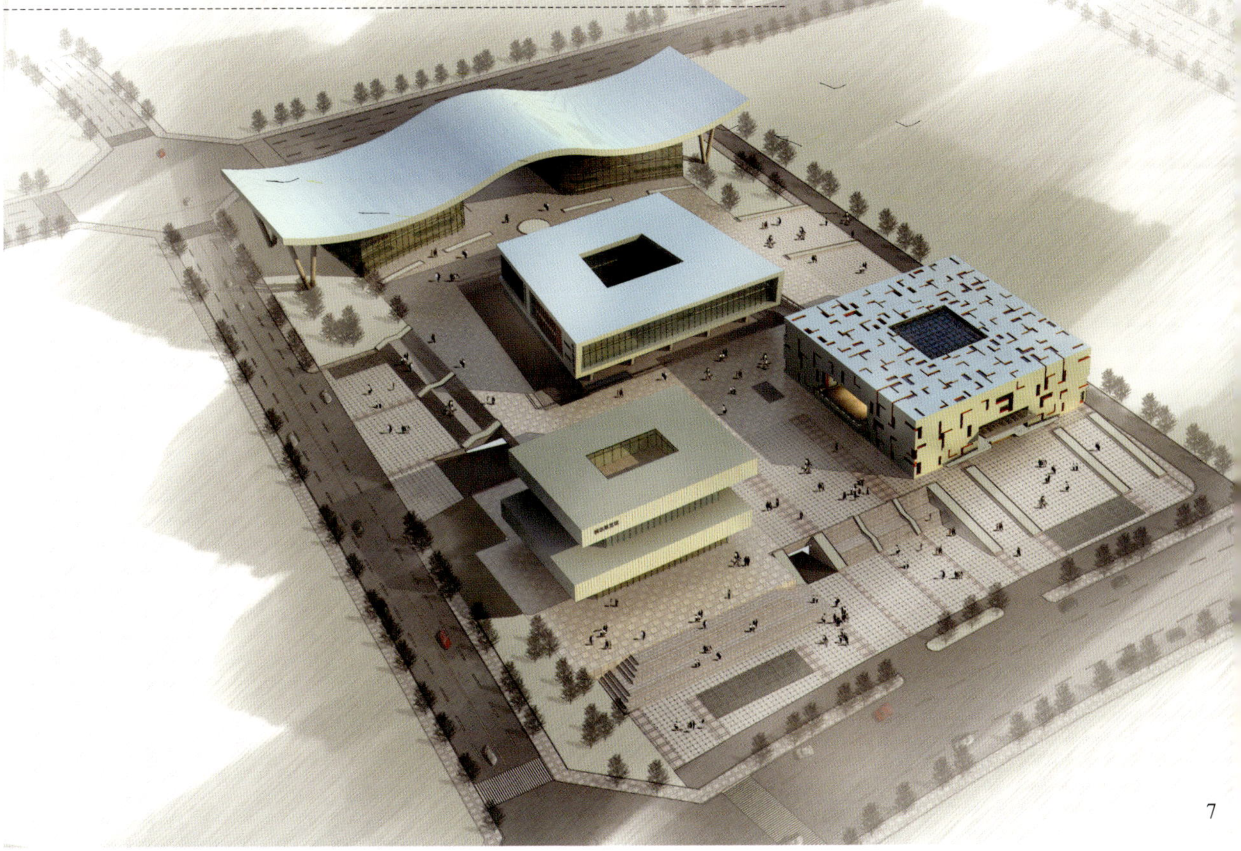
7

1

2

3

4

5

6

1 2 3 4 5 6 河北肃宁市民服务中心

设计：上海恒聿建筑设计事务所
绘制：上海日盛 & 南宁日易盛设计有限公司

1 2 3 4 5 6 金塘行政中心

设计：舟山市建筑规划设计研究院
绘制：杭州骏翔广告有限公司

3

5

4

6

1

2

3

4

5

1 2 3 4 5 某公安科技办公楼

设计：宏正建筑设计院　张瑾
绘制：杭州景尚科技有限公司

1 2 含山法院

设计：合肥工业大学建筑设计研究院
绘制：合肥T平方建筑表现

1

2